家|居|设|计|宝|典|系|列
HOME DESIGN BIBLE

客厅设计
LIVING ROOM DESIGN

玄关与
过道设计
PORCH AND AISLE DESIGN

STUDY DESIGN
书房
设计

主卧设计
MASTER BEDROOM DESIGN

儿童房设计
CHILDREN'S ROOM DESIGN

餐厅设计
DINING ROOM DESIGN

理想家
IDEAL HOME

深圳视界文化传播有限公司 编

U0271053

中国林业出版社
China Forestry Publishing House

图书在版编目（ＣＩＰ）数据

理想家．书房设计 / 深圳视界文化传播有限
公司编．-- 北京：中国林业出版社，2018.4
ISBN 978-7-5038-9121-2

Ⅰ．①理… Ⅱ．①深… Ⅲ．①书房－室内装饰设计
Ⅳ．① TU241

中国版本图书馆 CIP 数据核字（2017）第 156172 号

编委会成员名单
策划制作：深圳视界文化传播有限公司（www.dvip-sz.com）
总 策 划：万绍东
编　　辑：杨珍琼
装帧设计：黄爱莹
联系电话：0755-82834960

中国林业出版社 · 建筑分社
策　　划：纪 亮
责任编辑：纪 亮 王思源

出版：中国林业出版社
（100009 北京西城区德内大街刘海胡同 7 号）
http://lycb.forestry.gov.cn/
电话：（010）8314 3518
发行：中国林业出版社
印刷：深圳市汇亿丰印刷科技有限公司
版次：2018 年 04 月第 1 版
印次：2018 年 04 月第 1 次
开本：170mm×240mm，1/16
印张：10
字数：100 千字
定价：68.00 元

前言 | PREFACE

　　不管社会如何变迁，人们对家的关注依然热情不减，家是现代人在外疲劳奔波后的身心安放之所。随着大众物质生活水平的不断提高，人们对家的要求也不断在提升。家不再是过去简单的居住空间，它还承载了人们生活的理想、品位和追求，因此家在保持整体风格的基础上，不同空间在日渐完善的装饰下又显示出各自不同的空间特性。大气正式的客厅、精致实用的餐厅、视觉过渡的玄关、安静清闲的书房、舒适沉稳的主卧和俏皮可爱的儿童房等，每个空间仿佛都在用各自的特色诉说自己的故事，同时又装载了主人的生平兴趣和爱好，让居家的时光变得更加舒适惬意。

No matter how society changes, people have been focusing on home constantly. Home is a shelter of body and mind for modern people after the exhausting day. With the improvement of modern people's material living standards, their requirements to home are promoting as well. Home is no longer a simple living space while it carries their dreams, tastes and pursues of living. So on the basis of keeping the overall style of the home, different spaces manifest different space characteristics through increasingly perfect furnishings. Magnificent and formal living room, exquisite and practical dining room, visually transitional porch, quiet and leisure study, comfortable and sedate master bedroom and the nifty and lovely children's room relate their own stories by their own characteristics and convey owners' interests and hobbies, which makes the living time more comfortable and cozy.

本套丛书按功能空间分别涵盖了《客厅设计》《餐厅设计》《玄关与过道设计》《主卧设计》《儿童房设计》《书房设计》六册。以风格划分，突出特性。选用的都是国内优秀的设计师或设计公司设计的上千张实景图案例，并配上简洁实用的设计说明，内容可参考性强，意在通过丰富的案例和清晰的图片，使读者更加了解不同装饰风格中，每个空间不同的功能特性和装饰要点。旨在为广大读者提供优质的设计信息，从而提高室内家居设计的品味与格调。

This series of books contain living room design, dining room design, porch and aisle design, master bedroom design, children's room design and study design divided by function. And every space has different styles, which highlights the characteristics. The projects are chosen from works by excellent domestic designers and design companies with thousands of realistic pictures and concise and practical design concepts which are referable, meaning to give readers deep understandings of functional features and decorative points of different spaces in different styles through rich projects and clear pictures. It aims to provide readers with high quality design information so as to improve the taste and style of interior design.

目 录

CONTENTS

欧式风格
EUROPEAN STYLE

现代风格
MODERN STYLE

048-087

中式风格
CHINESE STYLE

088-113

新古典风格
NEO-CLASSICAL STYLE

114-133

美式风格
AMERICAN STYLE

134-160

理想家
IDEAL HOME

EUROPEAN STYLE
欧式
风格

书房设计 STUDY DESIGN

　　造型优雅奢华，书柜中不仅摆放着书籍，还常见主人收藏的艺术品。墙面装饰多以欧式壁纸和欧式柱为主，通过完美的曲线和精益求精的细节处理，展示欧式书房大气豪华和惬意浪漫的特质。

The modeling is elegant and luxurious. There are not only books in the bookcase, but also works of art collected by the owners. The wall furnishings are mainly European wallpaper and European pillars demonstrated by perfect curves and exquisite details, which manifests the magnificent, luxurious, cozy and romantic temperaments of the European study.

法式艺术家

■ 设计师 | 李振兴

　　本案书房传承了欧洲浓厚的巴洛克艺术风格和纤细奢华的洛可可式风格，书房空间主体明度较低，配上光泽色，呈现出低调奢华之感。

 饰

书桌：木色书桌镶金处理，奢华大气。

椅子：纤细的椅腿设计有着洛可可式风格的柔美。

墙体：白色墙体镶金点缀，宁静又奢华。

吊灯：散发柔和灯光的吊灯，营造安静的阅读氛围。

优雅的奢华

■ 设计师 | 桂峥嵘

本案工作室是女主人平时兴趣爱好的所在之地，设计师加入许多女性元素装饰，高跟鞋、围巾、项链等裱成挂画，是空间的亮眼之处。

 天花：太妃奶糖色的布艺装饰的天花，具有女性的柔美特色。

吊灯：蜡烛式铁艺水晶吊灯，散发出些许复古气息。

地毯：咖啡色和黑色拼接纹样的地毯，精致又细腻。

入墙柜：整齐有序地摆放着女主人收藏的饰品和针线工具。

轻奢主义

■ 设计师｜陈敏

　　本案设计突破常规 ART DECO 风格程式化的元素，在书房引入蓝色和黄色作为点缀色彩，使空间更具年轻化和时尚化。

饰　沙发：白色为底，点缀着蓝色抱枕，与窗帘相呼应。
　　书架：石膏像、书籍和亮黄的插花，古典中透出现代装饰感。
　　壁画：大小不一的画挂在一起，有种前卫潮流的风尚。
　　书桌椅：纯色书桌与黑色软包古典椅搭配，是古典与现代的邂逅。

华府世家

■ 设计师 | 王小根

书房呈现出中西交融的特色，欧式柔和弯曲的书桌腿和木色的中式的书柜，碰撞出空间对不同文化的包容属性。

 饰

书桌：黑色弯腿书桌线条优美。

地毯：回型的毯边和棋格式的纹理，独具中式特色。

书柜：木色书柜搭配山水画，古色古香。

吊灯：玻璃镶嵌的吊灯，造型独特。

静享阅读

■ 设计师 | 王五平

　　高贵优雅白的背景墙搭配木色地板，透露出书房的安静与舒适，在此阅读和办公是一种静谧的享受。

 饰

书桌：纯白色书桌上的小插花，自然有生机。

椅子：深灰色椅子与书桌形成鲜明对比。

吊灯：简欧式的吊灯散发出恰到好处的柔和灯光。

窗帘：蓝色双层窗帘优雅精致。

典雅欧式风

■ 设计师 | 庄锦星

如果说古典欧式风线条复杂、色彩低沉，那简欧风格则以简约的线条代替复杂的花纹，采用更为明快的颜色装饰，同时更适应现代生活的悠闲与舒适。

 书桌：木质书桌散发出岁月沉淀过的书香气息。

吊灯：米白色的灯帽盖与单椅形成呼应。

书架：以镜子作为书架的内饰面，有助于增加视觉空间。

窗帘：深咖色和白色轻纱相搭，曼妙和谐。

简欧文艺范

■ 设计师 | 桂峥嵘

　　纯白的墙体家具搭配深色地板，白色的纯净和深色的沉稳，让书房变得更加静谧精致，适合在此阅读办公。

 吊灯： 茶黑色的吊灯与地板颜色相呼应。

书桌： 高脚弯腿的白色书桌，独具欧式的浪漫风情。

椅子： 蓝色系的书桌椅与书桌形成对比，又起到点缀空间的作用。

地板： 木质地板以独特的铺设，给人带来竹编的视觉效果。

三木艺墅

■ 设计师｜连君曼

以木质打造的书房给人文雅的感觉，地板、书桌、书架以不同颜色的木质材料打造，各具特色又和谐统一。

饰 | 书桌：黑色和棕黄色搭配，加上优雅的线条，简约却不单调。
书架：统一黑色的木质书架上摆放古典书籍，充满复古的韵味。
窗帘：红色、黄色、搭配深色，给空间增添活跃的氛围。
地板：棕黄色木质地板带有天然纹理，自然又温润。

时尚米兰

■ 设计师 | 桂峥嵘

　　本案以新古典的风格为主，融入法式风格的浪漫和米兰都市的时尚。书房既有历史沉淀的文化底蕴，又透出时尚的空间感受。

 书桌： 方正略带雕饰，古典又具实用性。

书桌椅： 对称分布，墨绿色的软包时尚又复古。

书架： 大面积书架可以容下主人许多收藏物品。

窗帘： 深红色系窗帘给空间增添一份沉稳之感。

西山林语

■ 设计师｜熊龙灯

　　大体量的家居映衬出书房典型的欧式风格，淡雅的色调，柔美的线条，散发出淡淡的文化气息。

 书桌：书桌大且长，桌体雕饰富有设计感。
椅子：厚厚的软垫，同时有着优雅的扶手。
天花：方格带有印花的灯具天花，设计别出心裁。
窗帘：垂直的线条，颜色与书桌椅软包相呼应。

雅然十色

■ 设计师｜孟繁峰

　　半开放式的书房，以古典的家具营造出浓厚的文化气息。深色和浅色的搭配，让空间色彩不至于太沉闷。

 书桌：深木色的书桌抛光打造，精致古雅。

书柜：玻璃门的书柜更能保护书籍的洁净。

壁画：两幅壁画与斗柜形成了别致的端景。

斗柜：斗柜与书桌和书柜在色彩上相呼应。

廊桥·摩登情怀

■ 设计师 | 张虎

简欧风格的书房总是带给人不一样的舒适和居家感受，简约中带着低调的奢华和别致。

 饰

台灯：米黄色的台灯散发出温暖的灯光。

书桌：白色书桌靠墙倚放，营造出温馨的阅读空间。

书架：白色书架上可摆放收藏品。

地毯：独家定制的虎皮地毯，颇具特色。

蒙琪的午后

■ 设计师｜刘卫军

　　空间以热情奔放的西班牙生活为灵感，用色彩对比去营造一个浪漫、温馨的空间，具有热情洋溢、自由奔放、色彩绚丽的艺术特色。

饰 **书桌**：方正的书桌上摆放着地球仪、书籍和做旧灯臂的台灯，具有岁月历史感。

书架：以中间挂画为中心呈对称分布，整齐洁净。

地毯：与地砖颜色相近的地毯很好的与空间色彩相呼应。

窗帘：具有层次感的窗帘搭配白色轻纱，微风吹动，浪漫优雅。

优雅一幕

■ 设计师 | 沈烤华

　　本案设计是欧式风格，空间淡雅的配色静谧优雅，女主人的相片挂置在书房，幸福的家居氛围突显其中。

🏵 书桌：略带弯曲的书桌腿纤细柔美，使空间更富有女性特质。
　　天花：多边形的天花营造出立体的设计感。
　　窗帘：米黄色为主调，点缀蓝色的边，更富有视觉效果。

金华御园

■ 设计公司 | 杭州道镜室内设计有限公司

深木色的空间营造出的古色古香的阅读氛围，格
子窗透射进来的阳光和美景，加强室内外的空间交流。

 吊灯：灯链较长，垂直而下的古典吊灯，与空间氛围相呼应。

书柜：大面积的木质墙体柜，呈现出书香大气之感。

书桌：木质书桌和椅子为定制设计，营造出完整的阅读空间。

精致品宅

■ 设计师 | 王强

简约的空间设计留有余白，让主人思考阅读更有空间。映入窗帘的日光，将书房映衬得更加静谧悠然。

 灯光：吊灯温润古朴，射灯和灯带营造了书房背景墙的焦点。

书柜：白色的入墙书柜简单精致，没有过多的繁琐装饰。

地砖：纯木色地砖与白色书柜形成鲜明对比，增加空间的对比度。

和者无寡

■ 设计师｜史林艳

书房在设计上呈现出一气呵成之感，同时与收藏室相连，更具古典的艺术感，又突出主人独具特色的审美品位。

 书桌：椭圆形的书桌没有棱角，自在圆融。

书柜：内设灯带，兼具装饰和实用功能。

挂饰：墙上的鹿头挂饰，自然原始，略带美式风情。

浪漫法兰西

■ 设计师 | 林冠成

书房的设计从欧洲古典艺术中吸取灵感，雅士白与皮革的搭配令空间颇具北欧风情。

饰 地毯：仿制动物皮的地毯，多了一份自然异域风情。

吊灯：略带粉色的吊灯，为白色书房增添了一份小清新。

书桌：弯腿白色书桌，精致典雅。

纳帕溪谷

■ 设计师 | 汤影

空间在传统美学的规范下，运用现代的材质将古典元素简化，典雅端庄，又具有时代的特征。

 书桌：黑色书桌以浅色镶边，少了份沉重感。

台灯：书桌上的台灯，定制的灯臂造型独特。

书柜：茶黑色的书柜对称居于窗户两边，采光方便，光线充足。

小镇花园

■ 设计师 | 田浩

　　略带花式的米白色壁纸，给书房带来一丝清新之意，深色的书柜和地砖，还原了书房沉稳的感觉。

饰

地毯：黑白相间仿动物皮的地毯，造型独特。

吊灯：吊灯的灯柱和灯臂线条分明，散发出温和的灯光。

书柜：玻璃门式的书柜，洁净硬朗。

绿城玉园

■ 设计师 | 于效虎

　　卧室的配套书房设计，使用了深色木饰面，保持书房的原汁原味，又增添了空间过渡的趣味性。

 窗户：大面积的落地窗设计，既满足采光需求，又能在此欣赏美景。

饰品：具有年代感的留声机，悠扬又复古。

书柜：入墙式的书柜以玻璃镜面装饰，大大增加了书房的空间感。

MODERN STYLE

现代
风格

书房设计 STUDY DESIGN

　　以简约实用特性著称，同时又透露出都市生活的时尚气息。书桌、书柜材质多采用木质和或金属烤漆材质，色彩运用上也更加前卫大胆。

It is famous for its simple and practical characteristics, and reveals the fashionable breath of city life. The materials of desk and bookcase often adopt wood and metal paint, and the colors are more fashionable and bolder.

黑色曼哈顿

■ 设计公司 | 李益中空间设计有限公司

　　黑白是曼哈顿的色彩，是兼收并蓄大都会的味道，是岁月沉淀的好品味。大面积的落地窗设计为空间邀入不少自然美景。

 窗户：大面积落地窗设计拉近了书房与自然的距离。
地毯：黑白灰的地毯简约时尚，呈现出经典不过时的品位。
书柜：金咖色的书柜带来现代的时尚气息。

龙泉礼苑

■ 设计公司 | 广州市韦格斯杨设计有限公司

　　设计师通过对传统岭南文化的吸收、提炼，融入整个现代设计。在简练时尚的现代风格质感中，保留一丝传统中式的韵味。

饰　书架：借鉴传统中式住宅里的博古架造型，利用现代时尚的设计手法表现出来，可放置艺术收藏品和书籍。

　　书桌：书桌上放置着字画和笔墨，体现主人对传统艺术文化的喜爱和继承。

浅酌清唱

■ 设计师 | 连君曼

　　书房以木质地板和白色墙体为几条，独特的天花、吊灯和绿植相称，除去古香气息，还有着自然清新的韵味。

 吊灯：形状不一的吊灯，散发出黄昏一样的灯光，为书桌增添了温暖的光芒。

书架：摆满书籍的书架，体现出主人良好的阅读习惯，四盆绿植让原本寂静的空间多了一份春意的生机。

现代简欧的律动

■ 设计师 | 于洁

本案摒弃了复杂的肌理和装饰，简化了线条，使空间呈现出一种干净、利落又不失设计美感的视觉效果。

 书柜：白色的书柜暗藏灯带，既有实用性，又具有艺术性。

地毯：马赛克式的地毯有着现代风格的时尚气息。

窗帘：透过白色的轻纱，似断非断，加强与窗外阳台之间的交流。

紫金山

■ 设计师 | 王楠

热爱音乐的屋主，更加注重空间物语之间的对话。书房独具线条感的装饰，仿佛音乐的律动。开放、休闲的书房，表达在家的生活态度。

饰　天花：红棕色木质方格的天花，镶嵌几盏筒灯，星光点点，熠熠生辉。

墙体：线条感极强的墙体装饰，富有音乐的律动感，营造出书房的视觉焦点。

现代奢华风

■ 设计师｜干洁

　　空间在看似简洁质朴的外表之下却常常折射出一种隐藏的贵族气质。书房则用少数与众不同和别具特色的小品来彰显主人的品位与审美。

 地毯：马赛克式的地毯增加了书房的独特性。

书柜：以反光的材质做边角，精致又扩大空间的视觉感受。

挂画：优雅的女士和大提琴的挂画，增加了书房的雅致。

流动的空间

■ 设计师 | 张清平

　　空间处理开放而宽敞，色调和材质的选择定位在于低调与内敛。流畅的线条塑造空间的大气与艺术质感。

 书桌：黑色木质的书桌搭配米黄色和黄色的椅子，是冷暖色调的和谐碰撞。

　　　　窗帘：灰色窗帘低调内敛，极具线条的艺术感。

　　　　台灯：金属质感的灯臂极具现代时尚气息。

都市品位

■ 设计师 | 桂峥嵘

　　线条简洁的家居，色泽光亮、优雅质地的软装，更好地弥补了原本空间视觉上的单调性，使其更富有艺术性。

 窗户：半开放式的书房空间不大，而大面玻璃窗的设计，弥补了空间的不足，扩大了视觉效果。

地毯：仿制鹿皮的地毯让书房空间更具有都市和现代尊贵不凡、独一无二的气质。

自然风尚

■ 设计师 | 张德良

　　因为窗外有大屯山的自然风景，所以设计了贴近自然的居家环境，让家就像身处大自然，这样的氛围让书房沉浸在自然舒畅的空间中。

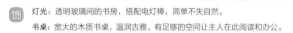

饰　灯光：透明玻璃间的书房，搭配电灯棒，简单不失自然。

　　书桌：宽大的木质书桌，温润古雅，有足够的空间让主人在此阅读和办公。

色界

■ 设计师｜叶建权

　　打造一个现代人的清居雅室是设计师设计的主导思想，凭借室内空间的结构和重组，便可以满足人们对悠然自得的生活的向往和追求。

 书桌：简单的白色书桌靠近窗，加强与其他空间的对话交流。

椅子：略带曲线的布艺沙发椅，能够减轻办公或阅读时的疲意感。

坐垫：定制的靠窗坐垫，适合在阳光温暖的下午静坐于此享受悠闲惬意的生活。

Loft 新演绎

■ 设计师 | 游杰腾

本案由屋主喜爱的美式人文风格为出发点，删繁就简，用白色砖墙创造出现代简约感，从客厅延展到书房，呈现空间的一致性。

 门：玻璃门的设计增加了空间的采光度。

墙：裸露的白色砖墙保留了原始的味道，在灯光的照射下，具有清新之感。

灯光：由于书房没有窗户，所以利用多盏射灯保证空间不同位置的照明需求。

港式情怀

■ 设计师 | 孙明亮、杨雯

　　本案设计采用"现代港式"的设计风格融入装饰主义元素，简约中带有秩序的美感，书房则有着小资情调的休闲意味。

饰 　灯：橙色系的吊灯有着港式特色，与书法单椅上的抱枕在色彩上相呼应。

　　书柜：米黄色开放式的书柜以镜面做内饰，增加了空间的视觉效果，实用又美观。

摩登典雅

■ 设计公司 | 柏舍励创

　　大方典雅的空间设计，满足三代同堂的生活品味。极具现代风尚的书房展示出设计师对潮流动态精准的把握，半开放式的空间通过陈设又显示出它的艺术性。

 坐凳：米白色的四方体坐凳镶嵌铆钉设计，新潮时尚。
　　书桌：采用反光车边境的材质，给人更精致的美感。
　　书柜：保持了与书桌的风格，增加了空间的硬朗质感。

行走的云景

■ 设计公司 | 上海乐尚装饰设计工程有限公司

　　设计师利用灵活的动线组合及丰富的动能设置，释放出都市生活的新风尚与新视觉，书房则呈现出岁月打磨后的稳重感。

饰　地毯：黑白色的仿制动物皮毛的地毯，新潮现代，又具有独特的意味。

　　饰品：书桌上的银色鳄鱼装饰品，体现出主人的收藏喜好。

　　书柜：木质边的书柜采用玻璃隔层，使得各层之间加强空间的对话。

尽享午后时光

■ 设计公司｜品辰设计

　　现代略带简欧的书房，有着安静文雅的气息。午后的阳光透过拱形窗照进书房，携一本书，来此静坐，是生活中别样的惬意。

 窗户：拱形窗的设计将室外绿植树影邀入室内。

窗帘：黑白红相间的竖条纹窗帘，和椅子上的抱枕相呼应。

书桌：紧靠窗子的书桌，一盏台灯静放于上，安静的气息让人留恋这种阅读氛围。

精致空间 优雅生活

■ 设计公司│南京海立纳文化艺术有限公司

　　优雅的色调、充满质感的材质、精美的配饰，打造出都市人的心灵田园，低调、内敛、浪漫气息层层叠近，享受另一种质朴、悠远而宁静的都市生活。

 书桌：黑亮色的书桌倚墙而放，散发出现代的时尚气息。

书柜架：黑色一体式书架留有空白地摆放着书籍，古雅而舒适。

魅黑时尚

■ 设计师 | 谢柯、支鸿鑫

　　本案设计师用理性的设计手法，诠释出空间的沉稳与低调的华丽之美，传达的是一种隐形的内涵。

饰　书桌：金属质感的书桌，采用不同反射度的镜面。
　　地毯：融合了新古典的大气与现代简约的个性潮流。
　　灯：白色水晶吸顶灯，具有独一无二的迷人风雅。

低调奢华的气质美

■ 设计师 | 吴文宇

　　业主喜欢安静、干净的生活态度，因此定位为现代简约风格。"空间之美，在于形美，空间之髓，在于神传"，设计师用视觉上的"空"来缓解心理感受的"满"。

 书桌：椭圆形的木质书桌，温润质朴，简约实用。

落地灯：白色纤细的弧形灯柱，

书柜：木质书柜隔成不一样的储放空间，与书桌相呼应。

京城幻想曲

■ 设计师 | THOMAS DARIEL

本案向后现代主义致以崇高的敬意，明亮强烈的色彩，装饰性的表面纹饰，不对称的线型和形状都蓄意带来一种奇特而有趣的氛围，这些转化成室内设计的元素都十分具有后现代孟菲斯运动的特质。

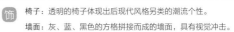 椅子：透明的椅子体现出后现代风格另类的潮流个性。

墙面：灰、蓝、黑色的方格拼接而成的墙面，具有视觉冲击。

理想家
IDEAL HOME

CHINESE STYLE
中式
风格

书房设计 STUDY DESIGN

　　将传统中式元素用现代设计语言表现出来，书柜多设计成博古架造型，书桌上整齐摆放笔墨纸砚，同时多采用中式山水画、禅意插花来表现中式书房古色古香的韵味。

It expresses traditional Chinese elements in modern design language. The bookcases are mainly designed to be antique-and-curio shelves. There are neat four treasures of study on the desk. At the same time many traditional Chinese landscape painting and Zen-like flower arrangements are added to present the antique charm of the study in Chinese style.

诗意东方

■ 设计师 | 胡飞

　　本案将简约与传统中式元素重组，目的是塑造一个外在形式现代时尚，内在气质内敛的当代中式高端住宅样本。

 色彩：没有太多深色调，而是以温和的色调表达中式的时尚清新一面。

台灯：线条感强的台灯独具中式的韵味。

书柜：以中式梅花为柜门元素，里面珍藏着屋主喜爱的艺术品。

黎香湖记

■ 设计师 | 琚宾

本案位于黎香湖这样一个现代桃花源，隐在湖边，归在田园。自然的意境与当下的生活方式结合，将文化精粹的元素融入到生活中。美学与自然的和谐统一，形成静谧悠然的心境。

 饰

天花：独具特色木质线条的天花，传递出中国文化的设计意境。

书架：神似传统的博古架，书籍摆放整齐，透露出知识分子的文化气息。

椅子：线条感强，简化了明清家具家居的厚重，兼具现代的美观。

写意东方

■ 设计师丨张起铭

　　设计师用东方语言描述出当代生活，用现代简洁的手法表达对东方文化的理解，没有雕梁画栋，没有圆梁木雕，没有震眼大红，有的是对称结构和书香风韵，还有禅意飘香。

 书架：以东方元素的花式柜面为中心呈对称分布。

书桌：简约的线条感，桌底呈镂空开放式，有着中式的韵味。

落地灯：文雅的颜色散发出古色古韵的书香气息。

尚林花园

■ 设计公司 | 戴维斯室内装饰设计有限公司

　　本案设计以"墨"为主题，提炼中华自古以来的书画文化，大面积运用静物水墨画作为空间元素，配以方正有力的线条分割和整体的山水纹路的石材，整个空间渲染出中国古典文化沉稳、大气的文化底蕴。

　书架：略带金属质感的书架和中式回型的隔层，采用内饰镜面，反射出收藏品的精致与文化感。

　书桌：简单中透出中式韵味，与欧式的椅子形成风格上的鲜明对比。

意象东方
■ 设计师 | 于五平

　　"大音希声，大象无形"，本案没有高贵的石材，没有华丽的装饰手法，唯有那质朴地板幽幽的透着一股木香，让人有一种淡定心宁的心境。

饰　椅子：厚厚的坐垫和极简的线条，是传统中式在现代的诠释方式。
　　书桌：笔墨纸砚俱全，插花点亮其间，仿如置身儒雅的文人书房。

梦寐以求的家

■ 设计师｜陈俭俭

本案在设计上借由空间的规划与设计细节，以达到提升居住品质和美学境界。书房使用实木竖肋的设计元素，使各个空间得到贯通。

书架：简单却有着中式传统的神韵，书和收藏品搁置其中，增加空间文化底蕴。

挂画：以留白的方式引人思考，兼具禅意的韵味。

书桌：与书柜在色调上保持一致，笔架放置其上，流淌出中式的韵味。

低奢雅韵

■ 设计公司｜李益中空间设计有限公司

　　本案用"简单呈现细腻，朴实打造优雅"，尽显奢华高贵极尽优雅之美。空间以柔和的米灰色调为主，浅灰柔和的色调，在众多色彩中淡定自然。

饰　书桌：米白色的书桌洁净柔和，增加了空间的明度，与书架上的收藏盒相呼应。

　　挂画：比起具体的肖像画，抽象的水墨画加大了人们的解读空间。

现代中式演绎水墨画

■ 设计师｜郑树芬

本案融合中式与现代元素，将空间演绎成一副水墨画意境，整个空间就像一张洁白的宣纸，经过设计师渲染着豪放的泼墨与纤细的白描，将中国文化的万千情怀与东方人的审美情趣完美的结合在一起。

 饰

书柜：隔层上陈列的陶器及装饰品都是经过设计师精心挑选，极富东方气息。

书桌：与书柜在形式和气质上融为一体，插花简约却充满了东方神似的禅意。

岭南林语

■ 设计公司 | 韦格斯杨

　　本案设计风格上采用现代中式的设计手法，融入简练的中式元素，将含蓄内敛与随意自然两种气质完美结合，整体基调以舒适、轻快为主，既符合人们的使用要求，又能充分展现中式的韵味。

饰 地毯：水墨字画的地毯，让中式的山水韵味自由流淌在空间。
窗帘：米白色的窗纱搭配深咖色帘底，与木栏隔断的色彩相呼应。

中星红庐

■ 设计师 | 吴军宏

本案定位为中式风格的度假别墅，宁静祥和的氛围中弥漫着浓郁的人文气息。满室的自然之意携带着古朴典雅的意味，予人无限惬意。

 灯光：射灯、吊灯是现代的简约风格，昏黄的台灯则呈现出中式内敛的韵味。

硬装：入墙式书柜和地砖、窗架在色彩上保持一致，深木色的质感带来沉稳和庄重之感。

品位东方

■ 设计师│黎广浓、唐列平

恬静淡雅的空间以现代主义手法诠释，带我们进入中式的风雅意境，空间散发淡然悠远的人文气韵，简约优美的家具搭配，适应现代人对生活品质的追求。

饰　**硬装：** 白色的墙面在落地大窗的映衬下更显明朗，木质地砖温和又具线条装饰感。

软装： 书桌椅在风格上选用线条感强的现代新中式，书架以删繁就简塑造出空间的意境感。

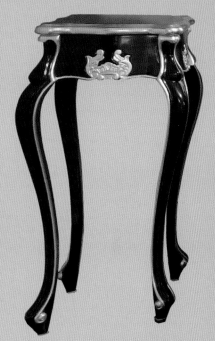

NEO-CLASSICAL STYLE

新古典
风格

书房设计 STUDY DESIGN

　　书桌和书柜的设计上多采用精美的雕饰，有巴洛克式的繁复典雅，又有着洛可可式的精美纤细，既具有复古的欧式风情，又兼具现代的实用属性。

Desk and bookcase adopt many exquisite carvings. Some are complicated and elegant in baroque style, and some are exquisite and slender in rococo style, which has the retro European amorous feelings as well as modern practical properties.

紫色秘境

■ 设计师｜桂峥嵘

作为城市核心的稀世低密度豪华别墅区，以常州少有的法式风情缔写建筑的传奇，珍贵石材干挂，法式宫廷中轴对称格局，处处彰显不与凡同的气质内涵。

 色彩：以黑白作为基色，大胆地采用黄色跟紫色作为视觉的撞色。

软装：蓝紫色的窗帘、金属质感的书桌、黄色系的椅子，仿制动物皮毛的地毯，虽是书房，却也新潮。

燃情普拉达

■ 设计师 | 牛国华、姜磊

　　本案充分运用了冲突和对比手法，精致与质朴，古典与现代，纯净的白色与丰富张扬的色彩，种种元素经过巧妙地融合，出现在同一空间中，碰撞出激情的火花。

 硬装：白色墙体略带雕饰，天花上有着强烈的线条感，是柔和与刚直的相遇。

软装：黑色相间的方格地毯带来跳跃的视觉感受。

孔雀东南飞

■ 设计师｜桂峥嵘

本样板别墅设计为欧式新古典风格，装饰呈现出高雅格调，造型简朴优美，色彩浓重而成熟，传递出一种修身养性的生活境界。

 吊灯：双层吊灯层次分明，水晶链条装饰在灯光的照耀下熠熠生辉。

书架：带有传统中式的书架散发出古韵，收藏陶瓷艺术品也具有中国特色。

新装饰主义

■ 设计师 | 金卫华

　　本案有别于传统的装饰主义的华丽感，新装饰主义讲究陈设和配置，着重于控制空间的欣赏性，在呈现精简柔美的线条同时，又蕴含奢华感。

 书架：柔美的曲线，镶金处理的边角，有着低调的奢华感。
　　　窗帘：与墙纸保持了颜色上的呼应，白纱舞动，窗幔优雅。

山水萧林
■ 设计师│唐春雨

本案设计以素雅为主导，没有太多华而不实的装饰，让线条更加的流畅，也让气氛更舒适更贴近自然。

 色彩：书房空间以高雅的黑色为主，同时富有欧式柔美的线条装饰。

墙纸：米黄色的墙纸打破了以黑色为主导的沉稳之色，达到色彩上的均衡搭配。

绿野仙踪·迷

■ 设计师 | 彭盛

　　复古式的高贵华丽与最新国际时尚巧妙结合，摒弃繁复的中式风格，提炼最简练的中式元素与典雅的空间相融合，在现代都市中寻求一块自然舒适的绿野仙踪。

 书桌： 黑色烤漆书桌采用银白色边角镶嵌，精致而华美。

吊灯： 黑色吊灯高居书桌上方，并和书桌形成呼应。

书柜： 以中间大花图案的挂画为中心，呈对称分布。

128

金色华尔兹·颐

■ 设计师 | 彭盛

本案通过在沉稳的简欧色调中融入奢华的黑色元素，用金属质感的家具配以动物皮草对比空间的刚硬与柔和，利用传统与现代的设计手法进行碰撞以营造出韵味别致的奢华空间感受。

 书桌椅： 欧式古典气质的椅子有着金灰色的软包，舒适柔软，减少办公的疲劳感。

墙纸： 灰黑色的壁纸细看具有精致的花纹，增添了空间的华贵气息。

游龙飞舞　卓尔不群

■ 设计师 | 方峻

　　设计师大胆构思一只腾跃的"中国龙腾飞蜿蜒"于居室之内，以此暗含龙脉旺家之意，同时又是对业主的一份敬重。通过巧妙的构思及处理，用中国古典的"龙的意象"将这只"中国龙"简化变身为"龙"的轻巧符号。

 色彩： 深棕与黑色令空间显得沉稳安静，金色装饰着家具在这份安静之上添上富丽感，使整个空间显得气派。

地毯： 米黄色的地毯呈现出竹编的纹理设计，富有设计感。

舒雅筑

■ 设计师 | 赵彬

　　本案在现代简约的装饰中融入古典的气息，新古典风格少了繁复的装饰，更多的是适合现代人居住的空间享受。

 书桌：木质的定制书桌，桌腿采用雄鹰飞翔的设计，具有独特的硬朗气息。

书柜：在色彩和风格上与书桌形成鲜明的对比，更多了一份现代的明快。

理想家
IDEAL HOME

AMERICAN STYLE

美式
风格

书房设计 STUDY DESIGN

　　家具体量较大，在材质及色调上多为实木原色，并不多加修饰，表现出粗犷、未经加工、或二次做旧的质感和年代感，意在营造返璞归真的境界。

The size of the furniture is a little large. It mainly adopts wood color materials with out much decorations, which manifests rough, crude and old texture and sense of year, aiming to create a natural state.

美式情缘

■ 设计师 | 陈峰、刘宏

　　优雅的雕刻和舒适的设计装点着整个空间，处处流露出一种浓浓的古典风味，华丽的质感带来的不只是视觉上的享受，更是内心的悸动与震撼。

🔲 椅子：高背椅是美式风格中经典的家具，搭配有曲线的椅腿，演绎出经典美式风。

　　硬装：做旧的文化石墙给书房带来古朴原始的美式风情。

阳光下的普利亚

■ 设计师 | 牛国华、韩芳

整个空间看似自由随意，但其实不无考虑，它的实质更像是一场不动声色的内行秀。每个细节都经得起推敲。家具特意擦淡做旧，表现出自然随意之感。

饰　天花：粗木梁的外露井字格天花，带来美式乡村风情。
　　色彩：书房以沉稳的木色打造出美式的休闲之感，静谧的空间流露出美式原始的淳朴之感。

古堡

■ 设计师 | 由伟壮、王伟

　　本案采用古典美式风，给人端庄典雅、高贵华丽的感觉，同时又具有浓厚的文化气息。

 硬装：罗马柱给空间以正式威严之感，白色墙体与深色书柜达到色彩间的均衡。

窗帘：繁复的窗帘采用卷草纹的样式，与墙面壁纸在纹理上形成呼应。

雍熙山景

■ 设计师 | 杨春蕾

从简单到繁杂、从整体到局部，精雕细琢，镶花刻金都给人一丝不苟的印象。一方面保留了材质、色彩的大致风格，让人感受到传统的历史痕迹与浑厚的文化底蕴，同时又摒弃了过于复杂的肌理和装饰，简化了线条。

 饰

天花：圆形的天花搭配华丽的吊灯，上下映衬，互相成趣。

书柜：一体式的入墙书柜，既可收书入柜，又可摆放展示书籍。

145

悠闲舒畅 简朴自然

■ 设计师 | 史湛铭

　　本案的美式田园风格有着务实、规范、成熟的特点,案例也在相当程度上表现出其居住者的品位、爱好和生活价值观。

🏠 硬装：柜体、地砖在材料选择上多倾向于较硬、光挺、华丽的材质。

吊灯：两盏吊灯在空间中相映成趣。

天花：白色木质的天花，很好地起到规划空间的作用。

爵士风情

■ 设计师 | 李扬

　　设计师用一贯擅长的设计语言巧妙还原高贵与浪漫的美式异国风情。美式家居带有热情洋溢、自由奔放、色彩绚丽的特点，更神秘内敛、沉稳厚重。

（饰）墙面：黄色垭口设计具有地中海的风情。
　　　天花：红褐色的木质天花，与地砖和书柜形成呼应。
　　　地毯：米黄和红色花纹的地毯，规划了阅读空间。

视觉生活的雅致空间

■ 设计公司 | 上海全筑建筑装饰设计有限公司

　　设计师摒弃了设计的奢华和夸张的元素，利用线条与造型完美结合，使空间的每一个细节都让人体会到清新、雅致的视觉幸福。

饰　硬装：外露的天花木梁和素雅的壁纸，流露出美式乡村田园的清新。
　　挂画：墙面挂置的九幅挂画，形成一个整体的审美意境。

密西西比河畔的蓝调

■ 设计师 | 何文哲

本案设计师以自在、舒适、大气为出发点，营造一种美式精致简约风，传递出一种缓慢、一种自省、一种反思、一种回归的生活态度。

 色彩：一半干净、一半明朗，黄棕色的地砖和书柜与白色天花和墙面形成对比。

书桌：黑茶色的书桌采用金色镶边，柱式的细桌腿是美式经典的造型。

别样美式乡村风

■ 设计师｜张之鸿、孙滔

业主本身非常热衷复古的美式乡村风格，因此设计师在这个案例之中大量使用了木结构框架，来模拟美式乡村的木结构房屋的调子，打造一所都市中的传统美式乡村风房子。

 色彩：深浅不一的青色映衬于书房，给空间带来清新的田园芬香。

天花：方格的木质天花梁，其中装饰了白色吸顶灯，如满天的星辰。

梦之湾

■ 设计公司｜上海乐尚装饰设计工程有限公司

本案以美式风格中浪漫与休闲的特质来诠释"梦之湾"的精魂与要义，让人领受身临其境的美妙之感。

 色彩：柔和的白色铺陈顶部与墙面空间，以此为基调营造一种轻盈、素净的空间氛围。

吊灯：开放式的书房上蜡烛式的吊灯，与会客厅的吊灯形成空间上的呼应。

蓝调空间

■ 设计师 | 桂涛

　　书房简约的空间氛围融入自然、温馨、舒适内敛的设计元素，突出居者随和沉稳的个性。空间的色彩搭配秉着减法的设计理念，塑造简洁明亮的空间格局。

饰　色彩：书房以白色为基调，辅以木色以及不同肌理的材质，营造出明亮干净的空间效果。

　　天花：斜坡式的屋顶造就了空间格局的独特，木质天花上设计的天窗，加大室内的采光度。

加州阳光

■ 设计师 | 胡蒙

　　设计师通过一种深思熟虑的成分和材料的处理直接影响到既定的物理空间，创造的不仅仅是一个美观的环境，而是浪漫、自在的居住氛围。

 色彩：书房以深黑色为主色调，既克服了单纯白色的单调同时又保证了空间的明亮通透。

书柜：黑色外饰面的书柜和天蓝的隔层板，形成色彩上的冲突美感。

海蓝色的梦

■ 设计师 | 陈相和

设计师以独特的美式风格为设计突破，希望在地理、自然与人文相统一的前提下创造一个自由奔放、色彩纯净明亮的家。

 硬装：白色、深褐色的墙面、天花，其中点缀着蓝色的梦幻。

书桌椅：以简约的线条感，方正之间呈现出中式的韵味。